高等学校规划教材·机械工程

机械原理与机械设计实验

（第2版）

王　琳　主编

西北工业大学出版社

西安

【内容简介】 本书共有 8 个实验,分为机械原理实验和机械设计实验两个部分。第一部分为机械原理实验,包括平面机构运动简图测绘实验、渐开线齿轮齿廓范成实验、渐开线齿轮参数测定实验和刚性转子动平衡实验;第二部分为机械设计实验,包括带传动实验、螺栓组载荷与应变测定实验、液体动压滑动轴承实验和轴系结构设计与分析实验。每个实验附有实验报告,可供学生做实验时使用。

本书主要用于高等学校机械类专业和近机械类专业的机械原理、机械设计、机械设计基础等课程的实验教学,也可供工程技术人员参考。

图书在版编目(CIP)数据

机械原理与机械设计实验 / 王琳主编 . — 2 版 . —
西安:西北工业大学出版社,2021.5
ISBN 978 - 7 - 5612 - 7657 - 0

Ⅰ . ①机… Ⅱ . ①王… Ⅲ . ①机构学-实验-高等学
校-教材 ②机械设计-实验-高等学校-教材 Ⅳ .
①TH111 - 33 ②TH122 - 33

中国版本图书馆 CIP 数据核字(2021)第 060288 号

JIXIE YUANLI YU JIXIE SHEJI SHIYAN
机 械 原 理 与 机 械 设 计 实 验

责任编辑:何格夫		策划编辑:何格夫	
责任校对:张 友		装帧设计:李 飞	
出版发行:西北工业大学出版社			
通信地址:西安市友谊西路 127 号		邮编:710072	
电 话:(029)88491757,88493844			
网 址:www.nwpup.com			
印 刷 者:陕西向阳印务有限公司			
开 本:787 mm×1 092 mm	1/16		
印 张:4.25			
字 数:112 千字			
版 次:2012 年 6 月第 1 版 2021 年 5 月第 2 版 2021 年 5 月第 1 次印刷			
定 价:20.00 元			

第 2 版前言

机械原理和机械设计实验是学习机械原理、机械设计、机械设计基础等课程不可缺少的一个重要实践环节。通过实验教学,使学生加深对理论教学内容的理解,掌握机械原理和机械设计实验的基本知识、基本技能和基本方法,并获得实验操作技能的基本训练。

本书自 2012 年出版了第 1 版以来,深受使用者的欢迎。近年来机械基础类实验教学设备和相关课程教学大纲均有了较大的更新与修订,因此本书在总结第 1 版使用经验的基础上,根据目前课程教学的新需要和实验教学体系建设的新要求,进行了修编。

本次修编的具体内容包括:机械原理实验部分增加了渐开线齿轮齿廓范成实验和渐开线齿轮参数测定实验,机械设计实验部分增加了轴系结构设计与分析实验;更新了刚性转子动平衡实验所使用的实验教学设备和相应的实验方法及步骤;修订了第 1 版书中文字、图表的一些疏漏和错误;删除了第 1 版书中第三部分和附录。

本书由王琳担任主编。在编写过程中,笔者得到了李素有、宁方立两位老师的大力支持,在此表示衷心感谢。

由于水平有限,书中难免存在疏漏和不妥之处,敬请广大读者给予批评指正。

编 者
2021 年 2 月

第 1 版前言

机械原理和机械设计实验是学习机械设计课程不可缺少的一个重要实践环节。通过这个教学实验环节,学生可以加深对理论教学内容的理解和掌握,同时掌握机械设计实验的基本知识、基本技能和基本方法,获得实验操作的基本训练。

本书是根据教育部高等学校工科《机械原理及机械设计教学大纲》的要求,在总结了大量的教学改革和实验教学经验的基础上编写而成的。在编写过程中,力求突出机械原理及机械设计课程的基础理论知识,在验证本课程内容的同时,培养学生的实践动手能力。

本书共有 5 个实验和 4 个实验前的预备知识及 1 个附录。实验分为 2 个部分:第一部分为机械原理实验,安排有 2 个实验;第二部分为机械设计实验,安排有 3 个实验。第三部分为实验前的预备知识,内容包括电阻式传感器、电阻应变式传感器电测法、磁电感应式传感器和模拟/数字转换器。附录主要介绍 JDY - Ⅲ 静态电阻应变仪使用说明。

本书由李素有担任主编。在编写过程中,笔者得到了李建华、佟瑞庭两位老师的大力支持,在此表示感谢。

由于测试技术水平不断地向前发展,实验设备和仪器不断地更新,加之水平有限,书中难免存在错误和不妥之处,希望读者指正。

编 者
2012 年 1 月

目　录

第一部分　机械原理实验

第二部分　机械设计实验

第一部分　机械原理实验

实验1　平面机构运动简图测绘实验

一、实验目的

(1)建立对运动副、零件、构件及机构等概念的实感。
(2)熟悉并运用各种运动副、构件及机构的代表符号。
(3)培养根据机械实物绘制其机构运动简图的技能。
(4)熟悉机构自由度的计算方法。

二、实验内容

(1)绘制自动送料冲床等模型的机构运动简图。
(2)根据所绘制的机构运动简图计算其自由度。

三、实验设备

(1)自动送料冲床等不同模型。
(2)学生自备圆规、有刻度的三角板(或直尺)、铅笔、橡皮和白纸等。

四、实验方法

以图 1.1(a)所示偏心轮机构为例,介绍平面机构的运动简图测绘及其自由度计算的方法。基本过程如下:

(1)选择手柄作为原动件并缓慢转动,根据各构件之间有无相对运动,分清机构是由哪些构件组成的。在图 1.1(a)中,机构由机架 1、手柄(即曲柄,本例中取为原动件)2、连杆 3、滑块(即从动件)4 等组成。

(2)从原动件开始,按照机构运动的传递顺序,仔细观察各构件之间相对运动的性质,确定运动副的类型和数目。在图 1.1(a)中,曲柄 2 为原动件,则运动传递顺序为:曲柄 2→连杆 3→滑块 4。回转件的回转中心是相对回转表面的几何中心,而构件 2 可以绕构件 1 的偏心轴 A 作相对转动,故构件 3 与构件 2 在点 B 处也组成转动副;构件 4 与构件 3 在点 C 处又组成转动副；构件 4 沿水平方向在构件 1 上作相对直线运动,组成移动副。

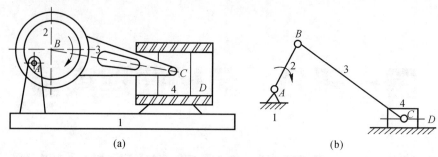

图 1.1　偏心轮机构及其运动简图
1—机架；2—手柄；3—连杆；4—滑块

(3)合理选择原动件的一个位置,以便简单、清楚地将机构的运动情况正确地表达出来,使用规定的符号和简单的线条画出机构的运动简图,如图 1.1(b)所示。

(4)计算机构自由度。对于平面机构,其自由度可按下式计算：

$$F = 3n - 2P_L - P_H$$

式中：n 为机构中活动构件的数目；P_L 为机构中低副的数目；P_H 为机构中高副的数目。

在图 1.1(b) 中,$n = 3$,$P_L = 4$,$P_H = 0$,代入上式得

$$F = 3n - 2P_L - P_H = 3 \times 3 - 2 \times 4 - 0 = 1$$

在计算时要注意机构中出现的复合铰链、局部自由度、虚约束等特殊情况,若计算的机构自由度与实际机构的自由度不一致,应找出错误原因,并加以纠正。

观察各构件的运动可知,该机构的运动是确定的,则机构的自由度应大于零且等于原动件数,由计算得 $F = 1 =$ 原动件数,从而验证以上所作机构示意图的正确性。

(5)量取运动尺寸。在构件 2、构件 3 上分别量取两相邻转动副中心之间的距离 L_{AB}、L_{BC}；量取转动副 A 到滑块运动轨迹之间的距离,并将所量尺寸标注在机构示意图上。

(6)作图(略)。

五、实验步骤

(1)了解所绘制机械模型的名称及功能。认清机械模型中的原动件、传动系统和工作执行构件。

(2)缓慢转动原动件(一般为模型中的手柄),仔细观察运动在构件间的传递情况,了解活动构件、运动副的数目及其性质。

在了解活动构件及运动副数时,需要注意如下两种情况：① 当两构件间的相对运动很小时,不要认为是一个构件。② 由于制造安装误差和使用时间长等原因,同一构件各部分之间有稍许松动时,不要认为是两个构件。碰到这两种情况,要仔细分析,正确判断。

(3)要选择最能表示机构特征的平面作为视图平面,同时要将原动件放在一个适当的位置,以使机构运动简图最为清晰。对于视图平面的选择,要仔细分析,并作出正确判断。

(4)按教材中规定的符号和表示方法在表 1-2 中绘制机构运动简图。在绘制时,应从原动件开始,先画出运动副,再用粗实线连接属于同一构件的各运动副,即得各相应的构件。其中,原动件的运动方向用箭头标出。

(5)绘制时,在不影响机构运动特性的前提下,允许调整各部分的相应位置,以求图形清晰。初步绘制时,可以先按大致比例作图(称之为机构示意图)。在机构示意图作完后,从原动件开始分别用 1,2,3,… 标明各活动构件,用 $A,B,C,…$ 标明各低副运动副,最后用 $a,b,c,…$ 标明各高副运动副。

(6)测量机构中各运动件尺寸(如:转动副间的中心距、移动副导路的位置等)。对于高副机构则应仔细测出高副的轮廓曲线及其位置,然后以一个适当比例作出正式的机构运动简图。

常用运动副、构件的表示法见表 1-1。

表 1-1　常用运动副、构件的表示法

平面机构运动简图测绘实验报告

姓　　名 ＿＿＿＿＿＿ 学　　号 ＿＿＿＿＿＿ 班　　级 ＿＿＿＿＿＿

课程教师 ＿＿＿＿＿＿ 实验教师 ＿＿＿＿＿＿ 实验日期 ＿＿＿＿＿＿

1. 测量绘制平面机构运动简图(见表 1-2)

表 1-2　测量绘制平面机构运动简图

活动构件数目 n		模型名称	
低副数目 P_L		自由度计算	$F=3n-2P_L-P_H=$
高副数目 P_H			
机构运动简图			

2. 思考题

(1)一个正确的机构运动简图应包括哪些内容?

(2)在绘制机构运动简图时,原动件取在不同位置,对机构运动简图有什么影响?

(3)机构自由度的计算对测绘机构运动简图有何帮助?

实验 2　渐开线齿轮齿廓范成实验

一、实验目的

(1)掌握用范成法加工渐开线齿轮齿廓的基本原理。

(2)了解渐开线齿轮产生根切现象的原因及避免根切的方法。

(3)分析具有相同模数和齿数的标准齿轮与变位齿轮的异同点。

(4)加深对相互啮合的齿廓互为包络线的认识。

二、实验内容

(1)使用范成仪绘制标准渐开线齿轮。

参考参数:模数 $m=20$ mm,齿数 $z=8$,齿顶高系数 $h_a^*=1.0$。

(2)使用范成仪绘制正变位齿轮。

参考参数:模数 $m=20$ mm,齿数 $z=8$,变位系数 $x \geqslant 0.53$,齿顶高系数 $h_a^*=1.0$。

(3)用作图法测量上述两个齿轮的公法线长度、齿厚、齿高。

三、实验设备

范成法是利用一对齿轮(或齿条与齿轮)相互啮合时共轭齿廓互为包络线的原理来切制齿廓的。用范成法加工齿轮时,其中一轮为形同齿轮或齿条的刀具,另一轮为待加工齿轮的轮坯。两者按齿数比做定传动比的回转运动,与一对真实的齿轮啮合传动完全相同。在对滚的同时刀具还沿轮坯的轴向做切削运动,最后在轮坯上被加工出来的齿廓就是刀具刀刃在各个位置的包络线。为了清楚表达齿轮齿廓形成的过程,可以用图纸做轮坯,刀刃在图纸上所印出的各个位置的包络线就是被加工齿轮的齿廓曲线。

本实验所使用的设备包括实验室提供的 B 型齿轮范成仪(见图 2.1),以及学生自备的剪刀、A3 白纸一张、普通测量尺、圆规、三角板、铅笔和橡皮等。

在图 2.1 中,扇形板 2 可以被视为齿轮加工机床的工作台,通过压板 1 固定在上面的圆形纸坯则代表被加工的齿轮轮坯,它们可以绕机架 3 中心的固定轴做回转运动。齿条刀具 4 安装在滑板 5 上。当移动滑板 5 时,齿条刀具 4 随滑板 5 做纯滚动。扇形板圆盘上安装的与被加工齿轮具有同等大小分度圆的齿轮与滑架上的齿条啮合,并保证被加工齿轮的分度圆与滑架上的齿条节线做纯滚动,从而实现展成运动。

在图 2.2 中,齿条刀具 4 可以相对于圆盘做径向移动。滑板 5 上的刻度显示的是齿条刀具 4 与轮坯分度圆之间的移距,可以通过拧松螺钉 6 来调整齿条中线与圆盘分度圆的距离,以进行标准齿轮、正变位齿轮和负变位齿轮的轮廓绘制。

B型齿轮范成仪配有模数 $m=8$ mm 和 $m=20$ mm 的齿条插齿刀（压力角 $\alpha=20°$）各一把，除了能够完成渐开线齿轮轮廓范成、齿轮根切和齿轮变位演示外，还能模拟模数不同的齿轮梳刀在同一分度圆上加工不同齿数和不同模数齿轮的过程。

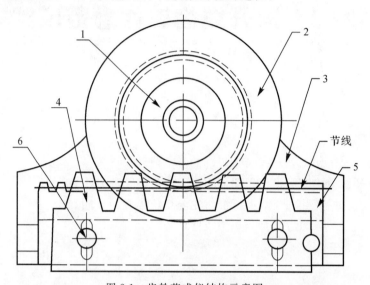

图 2.1　齿轮范成仪结构示意图
1—压板；2—扇形板；3—机架；4—齿条刀具；5—滑板；6—螺钉

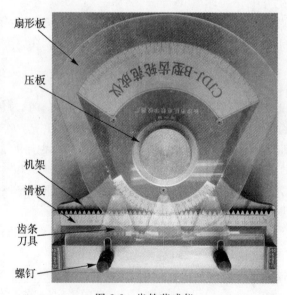

图 2.2　齿轮范成仪

　　在实验中所用的齿轮范成仪相当于用齿条型刀具加工齿轮的机床,待加工齿轮的纸坯与刀具模型都安装在范成仪上,由范成仪来保证刀具与轮坯的对滚运动(待加工齿轮的分度圆线速度与刀具的移动速度相等)。在确定对滚中的刀具与轮坯的各个对应位置时,依次用铅笔在纸上描绘出刀具的刀刃廓线,每次所描下的刀刃廓线相当于齿坯在这位置被刀刃所切去的部分。这样就能清楚地观察到刀刃廓线逐渐包络出待加工齿轮渐开线齿廓,并形成轮齿切削加工全过程。

范成的标准齿轮齿廓会有明显的根切现象,其原因是齿数($z=8$)少于不根切的最少齿数($z_{min}=17$),范成时刀具的齿顶线超过啮合极限点 N 而产生根切。为了使齿廓没有根切现象,需要使齿条刀具中线与轮坯分度圆之间的移距大于零。在 $z=8$ 时,不根切的最小变位系数使用如下公式计算:

$$x_{min}=h_a^* \frac{z_{min}-z}{z_{min}}=1\times\frac{17-8}{17}\approx 0.529$$

因此,在做正变位齿轮实验时所用的最小变位系数 $x_{min}=0.53$。

四、实验方法及步骤

将大圆盘扇形齿与大齿条啮合,可以绘制 $m=16$ mm 的齿形齿廓(将圆盘调整到小圆盘一侧,利用小齿条可绘制 $m=8$ mm 的齿形齿廓),具体步骤如下。

1. 绘制标准齿轮齿廓

(1)根据已有参数分别计算出齿轮的分度圆直径、基圆直径、齿顶圆直径、齿厚和齿顶高,填入表 2-1 中,将纸坯对称折叠,然后在半圆纸坯上分别绘制出齿轮的分度圆、基圆和齿顶圆。

(2)将齿轮纸坯安装在范成仪上,使标准齿扇形区正对齿条位置,旋紧压板的螺母压紧纸坯。

(3)调整齿条刀具的位置,使其中线与纸坯的分度圆相切,然后将齿条刀具与滑板固紧。

(4)将齿条刀具移动到最左端,然后向右逐渐移动齿条刀具,每次移动的距离不要太大,一般为 2~3 mm。

(5)每移动一次距离,使齿条刀刃与纸坯齿顶圆相切时,就用铅笔描出刀具刃廓的瞬时轮廓,直到齿条刀具移动到最右端并描绘出两个以上的完整轮齿齿廓为止。

(6)测量分度圆齿厚和齿高等数据,填入表 2-2 中,并与计算结果进行对比。

2. 绘制正变位齿轮轮廓

(1)根据已有参数分别计算出齿轮的分度圆直径、基圆直径、齿顶圆直径、齿厚和齿顶高,将纸坯转动 180°,然后在半圆纸坯上分别绘制出齿轮的分度圆、基圆和齿顶圆。

(2)将齿轮纸坯安装在范成仪上,使标准齿扇形区正对齿条位置,旋紧压板的螺母压紧纸坯。

(3)调整齿条刀具的位置,使其中线与纸坯的分度圆分开,分开的距离等于变位系数与模数的乘积。

(4)将齿条刀具移动到最左端,然后向右逐渐移动齿条刀具,每次移动的距离不要太大,一般为 2~3 mm。

(5)每移动一次距离,使齿条刀刃与毛坯齿顶圆相切时,就用铅笔描出刀具刃廓的瞬时轮廓,直到齿条刀具移动到最右端并描绘出两个以上的完整轮齿齿廓为止。

(6)测量分度圆齿厚和齿高等数据,填入表 2-2 中,并与计算结果进行对比。

3. 测量与分析

从范成仪上取下绘制完的齿轮纸坯,观察切制出来的齿轮齿廓有无根切现象,分析标准齿廓与变位齿廓有何异同。

渐开线齿轮齿廓范成实验报告

姓　　名 _____　　学　　号 _____　　班　　级 _____

课程教师 _____　　实验教师 _____　　实验日期 _____

1. 计算齿轮相应参数

根据已知参数,计算齿轮的相应参数并填入表 2－1 中。

表 2－1　计算齿轮相应参数

已知参数	模数 $m=20$ mm,齿数 $z=8$,压力角 $\alpha=20°$,齿顶高系数 $h_a^*=1$			
计算参数 mm	项目	计算公式	标准齿轮	变位齿轮
	x_{min}			
	d			
	d_b			
	d_a			
	d_f			
	s			
	e			
	p			

2. 测量实验数据(见表 2－2)

表 2－2　测量实验数据

分类	数据	模数/mm	齿厚/mm	齿高/mm	公法线长度/mm	是否根切
标准 齿轮	测量结果					
	计算结果					
变位 齿轮	测量结果					
	计算结果					

3. 粘贴范成齿廓的纸制图样

4. 思考题

(1)什么是标准齿轮和标准中心距？

(2)节圆与分度圆在什么情况下重合？

(3)什么是根切现象？根切现象产生的原因是什么？在实验中根切现象发生在何处？怎样避免根切现象产生？

(4)使用同一齿条刀具加工的标准齿轮和正变位齿轮,其齿廓形状和主要参数的区别是什么？

实验 3　渐开线齿轮参数测定实验

一、实验目的

(1)掌握使用游标卡尺测量渐开线直齿圆柱齿轮基本参数的方法。

(2)通过测量计算,进一步巩固和掌握直齿圆柱齿轮各部分几何尺寸的计算方法,明确各几何参数之间的关系,理解渐开线性质。

二、实验内容

(1)测量渐开线直齿圆柱齿轮的齿顶圆直径、齿根圆直径和齿廓公法线长度。

(2)根据上述测量参数计算并导出齿轮模数、分度圆压力角、变位系数、齿顶高系数和顶隙系数。

三、实验设备

(1)被测渐开线直齿圆柱齿轮、游标卡尺(见图 3.1)。

(2)学生自备计算器、笔和白纸等。

图 3.1　渐开线齿轮参数测定实验箱

四、实验方法及步骤

1. 齿轮参数测量

(1)确定齿轮齿数 z。首先选择奇数齿齿轮和偶数齿齿轮各一个,然后直接数出每个待测齿轮的齿数。

(2)测量齿顶圆直径和齿根圆直径。使用游标卡尺测量齿顶圆直径和齿根圆直径。当被测齿轮的齿数为偶数时,可以使用游标卡尺直接测量齿顶圆直径和齿根圆直径。当被测齿轮的齿数为奇数时,无法直接测量齿顶圆直径和齿根圆直径,但可以使用间接测量计算的方法获得,即先测量出齿轮轴孔直径,然后再测量轴孔到齿顶的距离和轴孔到齿根的距离(见图3.2),最后再根据如下公式计算出被测齿轮的齿数为奇数时对应的齿顶圆直径和齿根圆直径:

$$d_a = D + 2H_1, \quad d_f = D + 2H_2$$

为了减少测量误差,应在三个不同的径向线上分别测量三组数值,然后取其平均值作为最终测量结果。

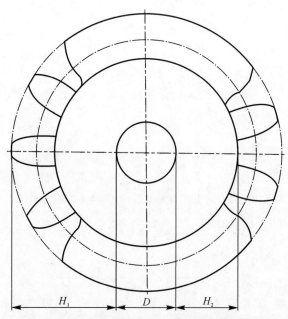

图 3.2 轮齿个数为奇数时齿顶圆直径和齿根圆直径的测量示意图

(3)测量齿廓公法线长度。根据被测齿轮的齿数 z,查询表 3-1 即可确定跨测齿数 k,再用游标卡尺测量出 k 个齿和 $k+1$ 个齿的公法线长度 W_k 和 W_{k+1}。考虑到齿轮存在公法线长度变动误差,应当在不同点对之间分别测量三次 W_k 和 W_{k+1} 的值,然后取其平均值作为最终测量结果。

表 3-1　齿数 z 与跨测齿数 k 对照表

z	12～18	19～27	28～36	37～45	46～54	55～63	64～72	73～81
k	2	3	4	5	6	7	8	9

(4)将以上测量数据填入表 3-3 中。

2. 齿轮参数计算

(1)计算模数和压力角。根据渐开线齿轮的特点,由测量得到的公法线长度可以计算出基圆齿距:

$$p_b = W_{k+1} - W_k$$

又因为 $p_b = \pi m \cos\alpha$，且式中模数 m 和压力角 α 均为标准值，对照表 3-2 将更接近标准值的模数确定为所测齿轮的模数，对应的压力角为所测齿轮的压力角。

表 3-2　基圆齿距表（节选）

模数	径节	$p_b = \pi m \cos\alpha$						
m/mm	D_p/mm	$\alpha = 22.5°$	$\alpha = 20°$	$\alpha = 17.5°$	$\alpha = 16.5°$	$\alpha = 16°$	$\alpha = 15°$	$\alpha = 14.5°$
1	25.4	2.902	2.952	2.996	3.012	3.02	3.035	3.042
1.25	20.32	3.628	3.69	3.745	3.765	3.775	3.793	3.802
1.5	16.933 3	4.354	4.428	4.494	4.518	4.53	4.552	4.562
1.75	14.514 8	5.079	5.166	5.243	5.271	5.285	5.31	5.323
2	12.7	5.805	5.904	5.992	6.024	6.04	6.069	6.083
2.25	11.288 9	6.531	6.642	6.741	6.777	6.795	6.828	6.843
2.5	10.16	7.256	7.38	7.49	7.531	7.55	7.586	7.604
2.75	9.236 4	7.982	8.118	8.24	8.284	8.305	8.345	8.364
3	8.466 7	8.707	8.856	8.989	9.037	9.06	9.104	9.125
3.25	7.815 4	9.433	9.594	9.738	9.79	9.815	9.862	9.885
3.5	7.257 1	10.159	10.332	10.487	10.543	10.57	10.621	10.645
3.75	6.773 3	10.884	11.07	11.236	11.296	11.325	11.38	11.406
4	6.35	11.61	11.809	11.985	12.049	12.08	12.138	12.166
4.5	5.644 4	13.061	13.285	13.483	13.555	13.59	13.655	13.687
5	5.08	14.512	14.761	14.981	15.061	15.099	15.173	15.208
5.5	4.618 2	15.963	16.237	16.479	16.567	16.609	16.69	16.728
6	4.233 3	17.415	17.713	17.977	18.073	18.119	18.207	18.249
6.5	3.907 7	18.866	19.189	19.475	19.579	19.629	19.725	19.77
7	3.628 6	20.317	20.665	20.973	21.086	21.139	21.242	21.291
8	3.175	23.22	23.617	23.97	24.098	24.159	24.276	24.332
9	2.822 2	26.122	26.569	26.966	27.11	27.179	27.311	27.374
10	2.54	29.025	29.521	29.962	30.122	30.199	30.345	30.415
11	2.309 1	31.927	32.473	32.958	33.134	33.219	33.38	33.457
12	2.116 7	34.829	35.426	35.954	36.147	36.239	36.415	36.498
13	1.953 8	37.732	38.378	38.95	39.159	39.259	39.449	39.54
14	1.814 3	40.634	41.33	41.947	42.171	42.278	42.484	42.581
15	1.693 3	43.537	44.282	44.943	45.183	45.298	45.518	45.623
16	1.587 5	46.439	47.234	47.939	48.196	48.318	48.553	48.664

续 表

模数	径节	$p_b = \pi m \cos\alpha$						
m/mm	D_p/mm	$\alpha = 22.5°$	$\alpha = 20°$	$\alpha = 17.5°$	$\alpha = 16.5°$	$\alpha = 16°$	$\alpha = 15°$	$\alpha = 14.5°$
18	1.411 1	52.244	53.138	53.931	54.22	54.358	54.622	54.747
20	1.27	58.049	59.043	59.924	60.244	60.398	60.691	60.831
22	1.154 5	63.854	64.947	65.916	66.269	66.438	66.76	66.914
25	1.016	72.561	73.803	74.905	75.306	75.497	75.864	76.038

(2) 计算被测齿轮的变位系数。将测量计算出来的公法线长度、基圆齿距和跨测齿数代入以下公式计算出基圆齿厚：

$$s_b = W_{k+1} - k p_b = W_{k+1} - k(W_{k+1} - W_k) = kW_k - (k-1)W_{k+1}$$

又因为

$$s_b = \frac{r_b}{r}s + 2r_b(\tan\alpha - \alpha)$$

$$s_b = \frac{r\cos\alpha}{r}\left(\frac{\pi m}{2} + 2xm\tan\alpha\right) + 2r\cos\alpha(\tan\alpha - \alpha)$$

$$s_b = \left(\frac{\pi}{2} + 2x\tan\alpha\right)m\cos\alpha + mz\cos\alpha(\tan\alpha - \alpha)$$

所以可以利用以上公式推导出变位系数 x 的表达式如下：

$$x = \frac{\dfrac{s_b}{m\cos\alpha} - \dfrac{\pi}{2} - z(\tan\alpha - \alpha)}{2\tan\alpha}$$

根据计算出来的 x 值大小判断其是否为标准齿轮。

(3) 计算齿顶高系数和顶隙系数。根据测量出来的齿轮轴孔直径 D、齿顶圆直径 H_1 和齿根圆直径 H_2 可以计算出齿顶高系数 h_a^* 和顶隙系数 c^*。其推导过程如下：

$$d_a = mz + 2h_a^* m + 2xm$$

$$h = 2h_a^* m + c^* m$$

$$h_a^* = \frac{1}{2}\left(\frac{d_a}{m} - z - 2x\right)$$

$$c^* = \frac{h}{m} - 2h_a^*$$

(4) 将以上参数计算结果填入表 3-4 中。

渐开线齿轮参数测定实验报告

姓　　名 _____　　学　　号 _____　　班　　级 _____

课程教师 _____　　实验教师 _____　　实验日期 _____

1. 测量数据记录(见表 3-3)

表 3-3　测量数据记录

测量参数	测量数据							
	偶数齿				奇数齿			
	测量 1	测量 2	测量 3	平均	测量 1	测量 2	测量 3	平均
齿数 z/ 个								
轴孔直径 D/mm								
H_1/mm								
H_2/mm								
齿顶圆直径 d_a/mm								
齿根圆直径 d_f/mm								
公法线长度 W_k/mm								
公法线长度 W_{k+1}/mm								

2. 参数计算(见表 3-4)

表 3-4　参数计算

齿轮类型	基圆齿距 p_b/mm	基圆齿厚 s_b/mm	模数 m/mm	压力角 α/(°)	变位系数 x/mm	齿顶高系数 h_a^*/mm	顶隙系数 c^*/mm
偶数齿齿轮							
奇数齿齿轮							

实验 4　刚性转子动平衡实验

一、实验目的

(1)掌握刚性转子动平衡的实验方法。

(2)了解动平衡机的工作原理及进行转子动平衡的基本步骤。

(3)巩固所学的动平衡理论知识。

二、实验内容

使用两平面影响系数法对一刚性转子进行动平衡。

三、实验设备

1.实验所使用的设备

实验所使用的设备主要包括 DPH－Ⅰ型智能动平衡机、数据采集电脑、贴重磁钢块和润滑油等。

2.动平衡机主要特点

DPH－Ⅰ型智能动平衡机是一种基于虚拟测试技术的智能化动平衡实验系统,能在一个硬支承的机架上不经调整即可实现硬支承动平衡的 A、B、C 尺寸法解算和软支承的影响系数法解算,既可进行动平衡校正,亦可进行静平衡校正。本系统利用高精度的压电晶体传感器进行测量,采用先进的计算机虚拟测试技术、数字信号处理技术和小信号提取方法,实现智能化检测。

本系统不但能得出实验结果,而且可以通过动态实时检测曲线了解实验的过程,并通过人机交互的方式生动形象地完成检测过程。此外,本系统还具有剩余不平衡量允差设置和自动提示实验结果合格等功能。

3.动平衡机工作原理及系统组成

转子动平衡一般用于轴向长度 B 与转子直径 D 的比值大于 0.2 的转子(小于 0.2 的转子适用于静平衡)。转子动平衡时,必须同时考虑其惯性力和惯性力偶的平衡,即 $P_i=0,M_i=0$。如图 4.1 所示,设一回转构件的偏心重 Q_1 及 Q_2 分别位于平面 1 和平面 2 内,r_1 及 r_2 为其回转半径。当回转体以等角速度回转时,它们将产生离心惯性力 P_1 及 P_2,形成一空间力系。

由理论力学可知,一个力可以分解为与它平行的两个分力。因此可根据该回转体的结构,选定两个平衡基面Ⅰ和Ⅱ作为安装配重的平面。将上述离心惯性力分别分解到平面Ⅰ和Ⅱ内,即将力 P_1 及 P_2 分解为 $P_{1Ⅰ}$ 及 $P_{2Ⅰ}$(在平面Ⅰ内)及 $P_{1Ⅱ}$ 及 $P_{2Ⅱ}$(在平面Ⅱ内)。这样就把空间力系的平衡问题转化为两个平面汇交力系的平衡问题了。只要在平面 Ⅰ 和 Ⅱ 内各加入一个合适的配重 $Q_Ⅰ$ 和 $Q_Ⅱ$,使两平面内的惯性力之和均等于零,构件也就实现平衡了。

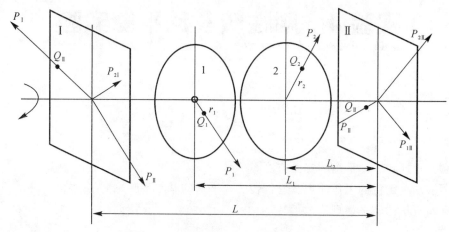

图 4.1 刚性转子动平衡计算模型示意图

  刚性转子动平衡实验机的结构示意图和实物图分别如图 4.2 和图 4.3 所示。被测转子被传送带拖动旋转后,由于转子的中心惯性主轴与其旋转轴线存在偏移而产生不平衡离心力,迫使支承做强迫振动,安装在左、右两个硬支承机架上的两个有源压电力传感器感受此力而发生机电换能,产生两路包含不平衡信息的电信号并输出到数据采集装置的两个信号输入端;与此同时,安装在转子上方的光电相位传感器产生与转子旋转同频同相的参考信号,通过数据采集器输入到计算机。

  测试系统由计算机、数据采集器、力传感器和相位传感器等组成,其数据采集、分析和处理流程如图 4.4 所示。计算机通过数据采集器采集此三路信号,由虚拟仪器进行前置处理、跟踪滤波、幅度调整、相关处理、快速傅里叶变换(Fast Fourier Transform,FFT)、校正面之间的分离解算和最小二乘法加权处理等,最终算出左、右两面的不平衡量(g)、校正角(°)以及转速(r/min)。

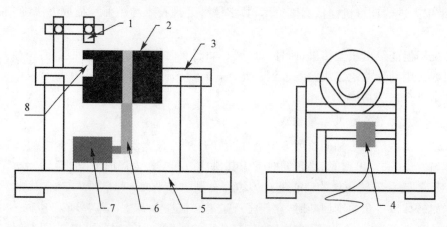

图 4.2 刚性转子动平衡实验机的结构示意图

1—光电传感器;2—被测转子;3—硬支承摆架组件;4—压力传感器;

5—减振底座;6—传动带;7—电动机;8—零位标志

图 4.3　刚性转子动平衡实验机

1—光电传感器；2—被测转子；3—硬支承摆架组件；4—压力传感器；

5—减振底座；6—传动带；7—电动机；8—零位标志

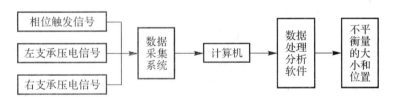

图 4.4　数据采集、分析和处理流程

四、实验软件

通过点击电脑桌面上的"动平衡测试系统"，即可进入启动界面，点击启动界面可进入系统主界面。系统主界面窗口如图 4.5 所示，其中：

1 为转子参数输入区域，在进行计算偏心位置和偏心量时，需要用户输入当前转子的各种尺寸，如图 4.5 所示。在图上没有标出的尺寸是转子半径，输入数值均是以 mm 为单位的。

2 为转子结构显示区，用户可以通过双击当前显示的转子结构图，直接进入转子结构选择图，选择需要的转子结构。

3 为原始数据显示区，该区域是用来显示当前采集数据或者调入数据的原始曲线。根据转子偏心的大小，在原始曲线上用户可以看出一些周期性的振动情况。

4 为测试结果显示区域,包括左右不平衡量显示、转子转速显示、不平衡方位显示。

5 为数据分析曲线显示按钮,单击该按钮可以进入详细曲线显示窗口查看整个分析过程。

6 为滚子平衡状态指示灯,灰色为没有达到平衡状态,蓝色为已经达到平衡状态。平衡状态的标准通过"允许不平衡质量"栏由用户设定。

7 为左右两面不平衡量角度指示图,指针指示的方位为偏重的位置角度。

8 为"自动采集"按钮,单击该按钮设定为连续动态采集方式,直到"停止测试"按钮被按下为止。

9 为"手动采集"按钮。

10 为"系统复位"按钮,单击该按钮可清除数据及曲线,重新进行测试。

11 为"保存当前配置"按钮,单击该按钮可以保存当前工件几何尺寸设置数据(重新开机时该数据保持不变)。

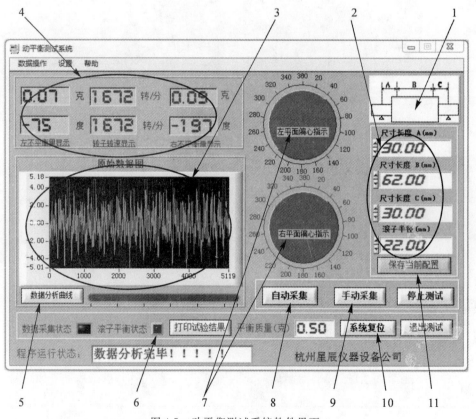

图 4.5   动平衡测试系统软件界面

在数据采集过程中,或在停止测试时,都可在前面板区单击"数据分析曲线"按钮,切换到如图 4.6 所示的"采集数据分析窗口"界面。该窗口有"滤波后曲线""频谱分析图""实际偏心量的分布图""实际相位分布图"四个图形显示区,以及转速、平均左右偏心量及偏心角五个数字显示框。

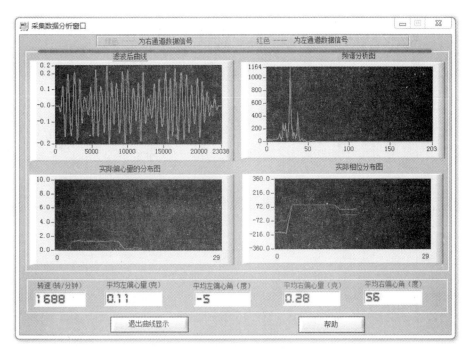

图 4.6　"采集数据分析窗口"界面

滤波后曲线显示区：显示加窗滤波后的曲线，横坐标为离散点，纵坐标为幅值。

频谱分析图显示区：显示 FFT 左右支承振动信号的幅值谱，横坐标为频率，纵坐标为幅值。

实际偏心量的分布图显示区：自动检测时，动态显示每次测试的偏心量的变化情况，横坐标为测量点数，纵坐标为幅值。

实际相位分布图显示区：自动检测时，动态显示每次测试的偏相位角的变化情况，横坐标为测量点数，纵坐标为偏心角度。

最下端的显示框显示出每次测量时转速、偏心量、偏心角的数值。

该分析窗口的功能主要是将实验数据的整个处理过程详细地展示在学生面前，使学生进一步认识到如何从一个混杂着许多干扰信号的原始信号中，通过数字滤波、FFT 信号频谱分析等数学手段提取有用的信息。该窗口不仅显示了处理的结果，还交代了信号处理的演变过程，这对培养学生解决问题、分析问题的能力是很有意义的。

在自动测试（即多次循环测试）情况下，从"实际偏心量的分布图"和"实际相位分布图"可以看到每次测试过程当中的偏心量和相位角的动态变化，曲线变化波动较大，则说明系统不稳定，要进行调整。

转子达到动平衡状态后，单击"打印实验结果"按钮，可以得到如图 4.7 所示的动平衡实验报表，从报表中可以看到动平衡实验过程和最终结果。

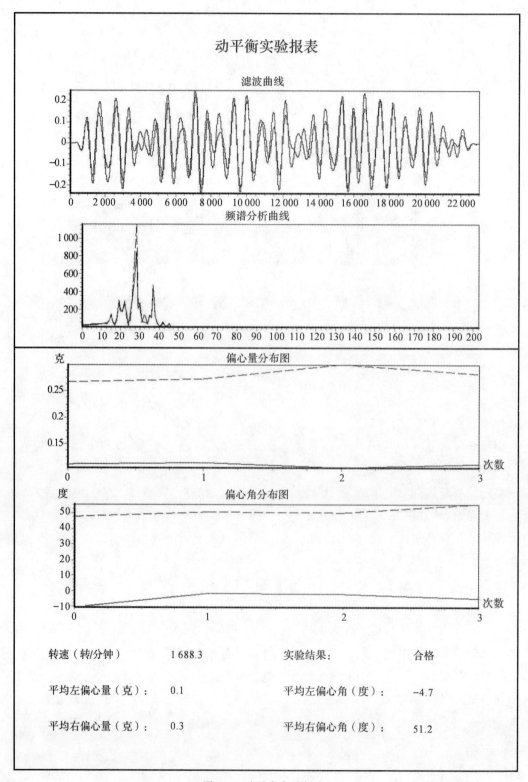

图 4.7 动平衡实验报表

五、实验方法及步骤

实验方法:在使用本实验装置做动平衡实验时,为了方便起见,一般使用永磁铁配重,并做加重平衡实验。基本过程是:根据左、右不平衡量显示值(显示值为去重值),以及左、右相位角显示位置,在对应其相位 180.00°的位置,添置相应数量的永久磁铁,使不平衡的转子达到动态平衡的目的。在自动检测状态时,先在主面板单击"停止测试"按钮,待自动检测进度条停止后,关停动平衡实验台转子,根据实验转子所标刻度,按左、右不平衡量显示值,添加平衡块,其质量可等于或略小于面板显示的不平衡量;然后启动实验装置,待转速稳定后,再单击"自动采集",进行第二次动平衡检测,如此反复多次,直至将左、右不平衡量控制在 0.50 g 以内。在主界面中的"允许偏心量"栏中输入实验要求偏心量(为简单起见,本实验可以设置为 0.30 g 或 0.50 g)。当"滚子平衡状态"指示灯由灰色变为蓝色时,说明转子已经达到了所要求的平衡状态。

由于动平衡数学模型计算理论的抽象理想化和实际动平衡器件及其所加平衡块的参数多样化的区别,动平衡实验的过程是个逐步逼近的过程。

具体的实验步骤介绍如下:

(1) 首先确认实验台电源处于关闭状态,然后检查确定蓝色 USB 通信线已连接实验机和数据采集电脑,接着打开实验台和计算机电源。

(2)系统标定。启动计算机,打开桌面上的"动平衡测试系统"软件,点击软件界面"设置"框的"系统标定"功能键,屏幕上出现"仪器标定窗口"界面。

将两块 1.20 g(也可以选择其他较重质量)的磁钢块分别放置在标准转子左、右两侧的零度位置(也可以选择其他具体刻度值位置,如图 4.8 所示的 90.00°等)。然后在"标定数据输入窗口"框内,将磁钢块相应重量和位置数值分别输入"左不平衡量""左方位""右不平衡量""右方位"的数据框内(按以上操作,左、右不平衡量均为 1.20 g,左、右方位均是 0.00°)。在"测量次数"框内人工输入用于平均的标定测量次数,一般默认的次数为 10 次。

启动电机使实验转子开始转动。待转子运转 3～5 s 后,单击"开始标定采集"按钮,下方的红色进度条会作相应变化,上方显示框显示当前转速以及正在标定的次数。在标定测试过程中,仪器标定窗口"测试原始数据"框内显示的四组数据是左、右两个支承输出的原始数据,而最终显示的标定值则是多次测试后的平均值。

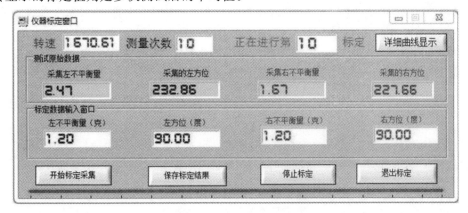

图 4.8　仪器标定窗口界面

标定结束后,测量过程自行停止,此时应单击"保存标定结果"按钮,完成标定过程,软件会自动退出"仪器标定窗口"界面,并返回软件的"动平衡测试系统"界面。

(3)动平衡测试。打开实验台电源并启动电机,待转子运转3~5 s并达到稳定后,单击软件界面上的"自动采集"按钮采集数据,从而进入自动测试模式。自动测试模式为多次循环测试,操作者可以看到系统的动态变化。单击"数据分析曲线"按钮,则可以看到测试曲线的变化情况。

待软件显示的不平衡质量的大小和位置达到稳定状态后,单击软件界面上的"停止测试"按钮,待自动检测进度条停止后,再关闭电机。

根据左、右不平衡量显示值添加平衡块,添加的平衡块质量可等于或略小于面板显示的不平衡量,加重时根据左、右相位角显示位置,在对应其相位180.00°的位置,添置相应质量的磁钢块。

将左、右不平衡量大小,左、右不平衡位置以及所添加的平衡用磁钢块的大小和位置记录到表4-1中。

再次启动实验装置,待转速稳定后,单击软件界面上的"自动采集"按钮,进行第二次动平衡检测。如此反复多次,最终将转子的左、右不平衡量控制在0.50 g("平衡质量"框内的设置值)以内。

在动平衡过程中,需要把每次的左、右不平衡量,左、右不平衡位置以及所添加的不平衡质量和位置记录下来。

(4)生成实验记录。单击软件界面上的"打印实验结果"按钮,出现"动平衡实验报表"。从生成的动平衡实验报表中可以看到整个实验过程和最终结果,将所生成的实验曲线截图保存后用于课下打印。最后关闭软件和动平衡实验机,结束实验。

六、实验注意事项

(1)如果在转子左、右两侧的同一角度,加入同样质量的不平衡磁钢块,而显示的两组数据相差甚远,则应适当调整两侧支承传感器的顶紧螺钉,以减少测试的误差。

(2)要进行加重平衡时,在停止转子运转前,必须先按下"停止测试"按钮,使软件系统停止运行。

(3)测试过程中由于操作失误出现的系统死机,其原因多数是通用串行总线(Universal Serial Bus,USB)通信信号堵塞。在实验台断电状态下插拔USB接口,可恢复系统正常运行。

(4)测试过程中出现"转速异常",可以调整相位信号光电传感器,应使其垂直照射于零位信号黑条上且距离约为80 mm,调整传感器边上的电位器旋钮,使黑条在进出光点位置时,其指示发光二极管出现明暗闪烁。

刚性转子动平衡实验报告

姓　　名 ＿＿＿＿＿＿＿　　学　　号 ＿＿＿＿＿＿＿　　班　　级 ＿＿＿＿＿＿＿

课程教师 ＿＿＿＿＿＿＿　　实验教师 ＿＿＿＿＿＿＿　　实验日期 ＿＿＿＿＿＿＿

1. 实验数据记录(见表 4-1)

表 4-1　实验数据记录

实验次数	左边				右边			
	不平衡质量/g	不平衡位置/(°)	添加不平衡量/g	加重位置/(°)	不平衡质量/g	不平衡位置/(°)	添加不平衡量/g	加重位置/(°)

2. 打印软件保存的实验结果曲线图

3. 思考题

(1)哪些类型的试件需要进行动平衡实验？实验的理论依据是什么？试件经动平衡后是否还要进行静平衡？为什么？

(2)影响平衡精度的因素有哪些？

第二部分　机械设计实验

实验5　带传动实验

一、实验目的

（1）了解带传动实验装置的基本结构和工作原理。

（2）熟悉转速、转矩等机械传动性能参数的测量方法。

（3）掌握带传动的滑动率曲线（$\varepsilon - T_2$）及传动效率曲线（$\eta - T_2$）的计算方法。

（4）了解带传动的弹性滑动和打滑现象，以及其与滑动率和传动效率等带传动工作性能参数之间的关系。

二、实验内容

（1）测量不同载荷下主动轮和从（被）动轮的转速与转矩。

（2）计算分析不同载荷下带传动的传动效率和滑动率。

三、实验设备

带传动实验装置主要包括带传动机械结构，主、从动轮转矩传感器，主、从动轮转速传感器，以及测控箱等。

1. 机械结构

图 5.1 为本实验台的结构示意图，主要包括从动直流发电机 1、从动带轮 2、传动带 3、主动带轮 4、主动直流电动机 5、牵引绳 6、滑轮 7、砝码 8、拉簧 9、浮动支座 10、拉力传感器 11、固定支座 12 和电测箱 13。

图 5.2 为机械结构部分的实物图，主要由两台直流电机组成，其中一台是驱动用的电动机，另一台为作为负载的发电机，电动机和发电机之间通过主、从动带轮和传动带连接。

对于电动机，其由可控硅整流装置供给电动机电枢以不同的端电压，实现无级调速。对于发电机，每按一下"加载"按键，即在发电机输出端并联上一个负载电阻，使发电机负载逐步增加，随之电枢电流和电磁转矩也增大，即发电机的负载转矩增大，从而实现了负载的改变。

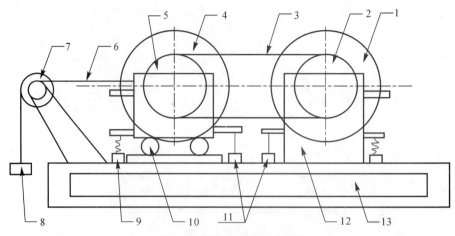

图 5.1　实验台结构示意图

1—从动直流发电机；2—从动带轮；3—传动带；4—主动带轮；5—主动直流电动机；
6—牵引绳；7—滑轮；8—砝码；9—拉簧；10—浮动支座；11—拉力传感器；12—固定支座；13—电测箱

图 5.2　实验台机械机构实物图

两台电机均为悬挂支承,当传递载荷时,作用于电机定子上的力矩 T_1(主动电机力矩)和 T_2(从动电机力矩)迫使拉钩作用于拉力传感器,拉力传感器输出的电信号正比于 T_1 和 T_2 的原始信号。

电动机的基座被设计成浮动结构(滚动滑槽),与牵引钢丝绳、定滑轮、砝码等一起组成了带传动预拉力形成机构。通过改变砝码大小,即可准确地设定带传动的预拉力 F_0。

两台直流电机的转速传感器(即红外光电传感器)分别安装在带轮背后的环形槽中,由此可获得实验必需的转速信号。

2. 电测系统

电测系统装在实验台测控箱内,附设单片机,承担数据采集、数据处理、信息记忆、自动显示等功能,并能实时显示带传动过程中主动轮的转速、转矩值和从动轮的转速、转矩值。测控箱的操作部分主要集中在实验台测控箱操作面板的中间部分,操作面板的布置如图 5.3 所示。

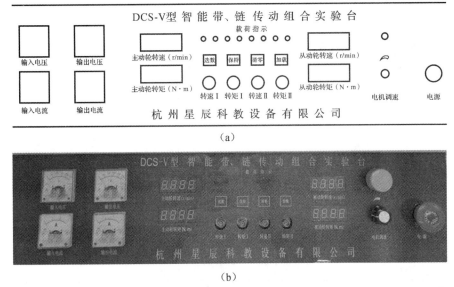

（a）

（b）

图 5.3　测控箱操作面板

（a）测控箱操作面板示意图；（b）测控箱操作面板实物图

四、实验方法

1. 调速和加载

本实验台由两台直流电机组成,左边一台是直流电动机,产生主动转矩,通过传动带的摩擦力带动右边的直流发电机转动。本实验台中设计了粗调和细调两个电位器,两者结合使用可精确地调整主动电机的转速值。

加载是通过逐个按动实验台操作面上的"加载"按扭（即逐个并联负载电阻到发电机的输出端）来实现的。直流发电机加载示意图如图 5.4 所示。

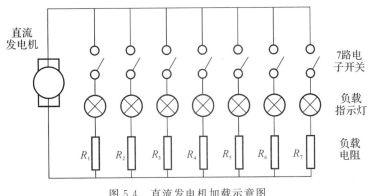

图 5.4　直流发电机加载示意图

2. 转速和转矩测量

转速测量原理框图如图 5.5 所示。两台电机的转速分别由安装在实验台两电机带轮背后环形槽中的红外光电传感器测出。带轮上开有光栅槽,由光电传感器将其角位移信号转换为电脉冲输入单片机中计数,计算得到两电机的动态转速值,并由实验台上的发光二极管(Light Emitting Diode,LED)显示器显示,也可通过微机接口送往计算机进一步处理。

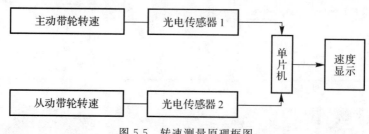

图 5.5　转速测量原理框图

如前所示(见图 5.1),实验台上的两台电机均设计为悬挂支承,当载荷在实验台上的两台电机之间传递时,传动力矩分别通过固定在电机定子外壳上的杠杆受到转子力矩的反方向力矩测得。该转矩通过杠杆及拉钩作用于拉力传感器上而产生支反力,使定子处于平衡状态。所以

主动轮上的转矩:　　　　　　$T_1 = F_1 \cdot L_1$

从动轮上的转矩:　　　　　　$T_2 = F_2 \cdot L_2$

式中:F_1 和 F_2 为两个拉力传感器上所受的力(N),由拉力传感器转换为正比于所受力的电压信号,再经过模/数转换器(Analogue-to-Digital converter,A/D converter,又称 A/D 转换器)将模拟量变换为数字量,并送往单片机中,经过计算得到 T_1 和 T_2,对应测量值分别由实验台 LED 显示器显示;L_1 和 L_2 分别为 F_1 和 F_2 对应的力臂(mm)。

3. 带传动的圆周力、弹性滑动系数和效率

带传动的圆周力:

$$F = \frac{2T_1}{D_1}$$

式中,D_1 为主动轮直径(mm)。

带传动的滑动率:

$$\varepsilon = \frac{n_1 - n_2}{n_1} \times 100\%$$

式中:n_1 和 n_2 分别为主、从动轮转速(r/min)。

带传动的传动效率:

$$\eta = \frac{P_1}{P_2} = \frac{T_2 \cdot n_2}{T_1 \cdot n_1} \times 100\%$$

式中:P_1 和 P_2 分别为主、从动轮功率(kW)。

随着负载的改变,T_1、T_2 和 $\Delta n(=n_1-n_2)$ 的值也相应改变,这样可获得一组 ε、η 和 T_2 值,然后可绘制滑动曲线及效率曲线,如图 5.6 所示。

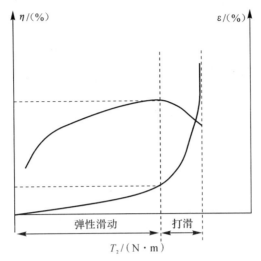

图 5.6　带传动的滑动曲线和效率曲线

五、实验步骤

1. 设置预拉力

不同型号传动带需在不同预拉力 F_0 的条件下进行实验,也可对同一型号传动带采用不同的预拉力,实验测试不同预拉力对传动性能的影响。如图 5.1 所示,要改变预拉力 F_0,只需改变砝码 8 的大小。

2. 接通电源

在接通电源前,要先将开关粗调电位器的电机调速旋钮逆时针转到底,使开关"断开",然后再按下红色的电源开关按钮接通电源。

按一下"清零"键,此时主、从动电机转速显示为"0",力矩显示为".",实验系统处于"自动校零"状态。校零结束后,力矩显示为"0"。

将粗调调速旋钮顺时针慢慢旋转,使电机启动并逐渐增速,同时观察实验台面板上主动轮转速显示屏上的转速大小,其上的数字即为当前的电机转速。当主动电机转速达到预定转速(本实验建议预定转速为 600 ~ 700 r/min)时,停止转速调节。此时,从动电机转速也将稳定地显示在显示屏上。

3. 加载

在空载时,将主、从动轮的转矩和转速记录到表 5 - 1 中。

按"加载"键一次,第一个加载指示灯亮,调整主动电机转速(此时只需使用细调电位器进行转速调节)使其仍保持在预定工作转速内,待显示基本稳定(一般 LED 显示器跳动 2 ~ 3 次即可达到稳定值)后,将主、从动轮的转矩和转速记录到表 5 - 1 中。

再按"加载"键一次,第二个加载指示灯亮,再次用细调电位器调整主动转速,使之保持预定转速,待显示稳定后,将主、从动轮的转矩和转速记录到表 5 - 1 中。

重复上述操作，直至第七个加载指示灯亮，记录下 8 组数据。根据这 8 组数据便可作出带传动滑动曲线 $\varepsilon - T_2$ 及效率曲线 $\eta - T_2$。

在记录下各组数据后应先将电机粗调速旋钮逆时针转至"关断"状态，然后将细调电位器逆时针转到底，再按"清零"键。指示灯全部熄灭，机构处于关断状态，等待下次实验或关闭电源。

为了便于记录实验数据，在实验台的面板上还设置了"保持"键，每次加载数据基本稳定后，按"保持"键可使转矩和转速稳定在当时的显示值不变。按任意键可脱离"保持"状态。

带传动实验报告

姓　　名 _____　　学　　号 _____　　班　　级 _____

课程教师 _____　　实验教师 _____　　实验日期 _____

1. 实验条件

带的种类:橡胶平皮带。张紧方式:自动张紧。带轮直径: $D_1 = D_2 = 86$ mm,包角: $\alpha_1 = \alpha_2 = 180°$。

2. 实验数据记录与计算(见表 5-1)

表 5-1　实验数据记录与计算

实验次数	主动轮转速 r·min^{-1}	从动轮转速 r·min^{-1}	主动轮转矩 N·m	从动轮转矩 N·m	效率 η	滑差率 ε
1						
2						
3						
4						
5						
6						
7						
8						

3. 实验结果曲线

参考图 5.6 在坐标纸上绘制传动效率曲线和滑动曲线。

4. 思考题

(1)带传动的弹性滑动与带的初始张紧力有什么关系？

(2)带传动的弹性滑动与带上的有效工作拉力有什么关系？

(3)带传动为什么会发生打滑失效？可采用哪些技术措施予以改进？

实验6　螺栓组载荷与应变测定实验

一、实验目的

(1)了解螺栓组连接中的载荷分布状态。

(2)通过实验求螺栓组连接面旋转中心位置。

(3)熟悉螺栓组实验台的构造及测试原理。

二、实验内容

(1)测试托架螺栓组在翻转力矩作用下各螺栓应力分布。

(2)根据拉力分布情况确定托架底板旋转轴线的位置。

(3)将实验结果与螺栓组受力分布的理论计算结果进行比较。

三、实验设备

1. 实验台结构

螺栓组实验台的结构如图 6.1 所示。

图 6.1 中的三角形托架 1,在本实验台上设计为垂直放置。三角形托架 1 以一组螺栓 3 连接于支架 2 上。加力杠杆组 4 包含两组杠杆,其臂长比均为 1∶10,则总杠杆比为 1∶100,可使加载砝码 6 产生的力放大到 100 倍后压在托架支承点上。螺栓组的受力与应变转换为粘贴在各螺栓中部应变片 7 的伸长量,用静态电阻应变仪来测量。

应变片在螺栓上相隔 180° 粘贴两片,输出串接,以补偿螺栓受力弯曲引起的测量误差。引线由引线孔 5 中接出。加载后,托架螺栓组受到一横向力及倾覆力矩作用,并与接合面上的摩擦阻力相平衡。而倾覆力矩则使托架有翻转趋势,使得各个螺栓受到大小不等的外界作用力。根据螺栓变形协调条件,各螺栓所受拉力 $F_i(i=1,2,\cdots,10)$ 与其中心线到托架底版翻转轴线的距离 L 成正比,即

$$F_a/L_a = F_b/L_b \tag{6.1}$$

式中:F_a 为第 2、4、7、9 号螺栓处由于托架所受力矩而引起的力(N);F_b 为第 1、5、6、10 号螺栓处由于托架所受力矩而引起的力(N);L_a 为从托架翻转轴线到第 2、4、7、9 号螺栓中心线间的距离(mm);L_b 为从托架翻转轴线到第 1、5、6、10 号螺栓中心线间的距离(mm)。

由于第 3、8 号螺栓距托架翻转轴线距离为零,因此根据静力平衡条件可得

$$M = Qh_0 = \sum_{i=1}^{i=10} F_i L_i = 2 \times 2F_a L_a + 2 \times 2F_b L_b \tag{6.2}$$

式中:Q 为托架受力点所受的力(N);h_0 为托架受力点到接合面的距离(mm),如图 6.2 所示。

本实验中取 $Q = 3\ 500\ \text{N}, h_0 = 210\ \text{mm}, L_1 = 30\ \text{mm}, L_2 = 60\ \text{mm}$。

第 2、4、7、9 号螺栓的工作载荷为

$$F_a = \frac{Qh_0 L_a}{2 \times 2(L_a^2 + L_b^2)} \tag{6.3}$$

第 1、5、6、10 号螺栓的工作载荷为

$$F_b = \frac{Qh_0 L_b}{2 \times 2(L_a^2 + L_b^2)} \tag{6.4}$$

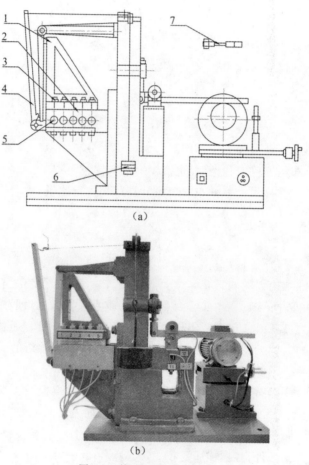

(a)

(b)

图 6.1   螺栓组实验台结构

(a)结构示意图;(b)实物图

1—三角形托架;2—支架;3—螺栓;4—加力杠杆组;5—引线孔;6—加载砝码;7—应变片

2. 螺栓预紧力的确定

本实验是在加载后不允许螺栓连接接合面分开的情况下进行预紧和加载的。螺栓连接在预紧力的作用下,其接合面产生挤压应力为

$$Q_p = \frac{ZQ_0}{A} \tag{6.5}$$

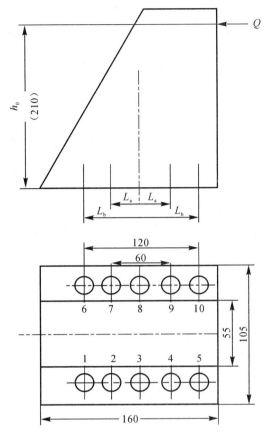

图 6.2　螺栓组的布置和托架所受载荷示意图

悬臂梁在载荷 Q 力的作用下,在接合面上不出现间隙,则最小压应力为

$$\frac{ZQ_i}{A} - \frac{Qh_0}{W} \geqslant 0 \tag{6.6}$$

式中:Q_i 为单个螺栓预紧力(N);Z 为螺栓个数,$Z=10$;A 为接合面面积(mm^2),$A=a(b-c)$;W 为接合面抗弯截面模量(mm^3),$W = \dfrac{a^2(b-c)}{b}$,$a=160$ mm,$b=105$ mm,$c=55$ mm。因此

$$Q_0 \geqslant \frac{6Qh_0}{Za} \tag{6.7}$$

为保证一定安全性,取螺栓预紧力为

$$Q_0 = (1.25 \sim 1.5)\frac{6Qh_0}{Za} \tag{6.8}$$

然后再分析螺栓的总拉力。在翻转轴线以左的各螺栓(4、5、9、10 号螺栓)被拉紧,轴向拉力增大,其总拉力为

$$Q_i = Q_0 + F_i\frac{C_L}{C_L + C_F} \tag{6.9}$$

或

$$Q_0 = (Q_i - F_i)\frac{C_L + C_F}{C_L} \tag{6.10}$$

在翻转轴线以右的各螺栓(第 1、2、6、7 号螺栓) 被放松,轴向拉力减小,总拉力为

$$Q_i = Q_0 - F_i \frac{C_L}{C_L + C_F} \tag{6.11}$$

或

$$F_i = (Q_0 - Q_i) \frac{C_L + C_F}{C_L} \tag{6.12}$$

式中:$\frac{C_L}{C_L + C_F}$ 为螺栓的相对刚度;C_L 为螺栓刚度;C_F 为被连接件刚度。

螺栓所受到的力是通过测量应变值而计算得到的,根据胡克定律

$$\varepsilon = \frac{\sigma}{E} \tag{6.13}$$

式中:ε 为应变量;σ 为应力(MPa);E 为材料的弹性模量,对于钢材,取 $E = 2.06 \times 10^5$ MPa。

螺栓预紧后的应变量为

$$\varepsilon = \frac{\sigma_0}{E} = \frac{4Q_0}{E\lambda d^2} \tag{6.14}$$

螺栓受载后总应变量为

$$Q_0 = \frac{E\lambda d^2}{4} \varepsilon_0 = K\varepsilon_0 \tag{6.15}$$

或

$$Q_i = \frac{E\lambda d^2}{4} \varepsilon_i = K\varepsilon_i \tag{6.16}$$

式中:d 为被测处螺栓直径(mm);K 为系数,$K = \frac{E\lambda d^2}{4}$。

因此,可得到螺栓上的工作压力在翻转轴线以左的各螺栓(第 4、5、9、10 号螺栓) 的工作拉力为

$$F_i = K \frac{C_L + C_F}{C_L} (\varepsilon_i - \varepsilon_0) \tag{6.17}$$

在翻转轴线以右的各螺栓(第 1、2、6、7 号螺栓) 的工作拉力为

$$F_i = K \frac{C_L + C_F}{C_L} (\varepsilon_0 - \varepsilon_i) \tag{6.18}$$

四、实验方法及步骤

(1) 在实验台螺栓组各螺栓不加任何预紧力的状态下,将各螺栓对应的半桥电路引线(第 1~10 号线) 按要求接入所选用的应变仪相应接口中,再按应变仪使用说明书进行预热(一般为 3 min)并调平衡。

(2) 由式(6.8)计算出每个螺栓所需的预紧力 Q_0,并由式(6.16)计算出每个螺栓的预紧应变量 ε_0。按式(6.3)和式(6.4)计算出每个螺栓的工作拉力 F_i,将以上计算结果填入表 6-1 中。

(3) 逐个拧紧螺栓组中的螺母,使每个螺栓具有预紧应变量 ε_0,注意应使每个螺栓的预紧应变量 ε_0 尽量一致。

（4）对螺栓组连接进行加载，载荷大小为 3 500 N（其中砝码连同挂钩的质量约为 3.7 kg），停歇 1 min，待应变仪上的数据稳定后读出每个螺栓的应变量 ε_i，并填入表 6-2 中。

（5）卸去载荷后停歇 2 min，然后再加上相同载荷，再次对螺栓组连接进行加载，在应变仪上读出每个螺栓的应变量 ε_i，填入表 6-2 中。反复加载 3 次，取 3 次测量值的平均值为实验结果。

（6）卸去载荷，拧松螺栓，解除预紧。

（7）画出实测的螺栓应力分布图。

（8）使用理论方法计算出螺栓组连接的应变图，与实验结果进行对比分析。

五、实验注意事项

（1）应变仪属精密测量仪器，严禁随意拧动各旋钮。

（2）装卸砝码时，应注意安全，轻拿轻放。

（3）注意用电安全，严禁随意搭接、插拔电源线。

螺栓组载荷与应变测定实验报告

姓　　名 ＿＿＿＿＿＿　　学　　号 ＿＿＿＿＿＿　　班　　级 ＿＿＿＿＿＿
课程教师 ＿＿＿＿＿＿　　实验教师 ＿＿＿＿＿＿　　实验日期 ＿＿＿＿＿＿

1. 实验数据记录(见表 6-1 和表 6-2)

表 6-1　用计算法获得螺栓上的力

螺栓号	1	2	3	4	5	6	7	8	9	10
预紧力 Q_0/N										
预紧应变量 $\varepsilon_0/10^{-6}$										
工作拉力 F_0/N										

表 6-2　用实验法获得螺栓上的力

	螺栓号	1	2	3	4	5	6	7	8	9	10
螺栓应变量 $\varepsilon_i/10^{-6}$	第 1 次测量										
	第 2 次测量										
	第 3 次测量										
	平均值										
由换算得到的螺栓工作拉力 F_i/N											

2. 实验结果曲线

在图 6.3 中绘制实测螺栓组应变变化分布。

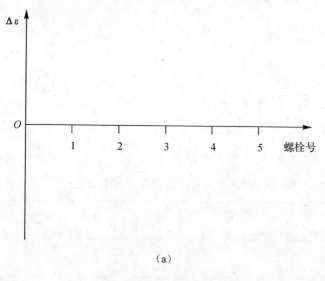

（a）

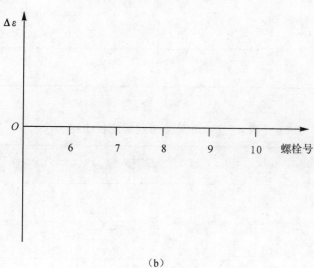

（b）

图 6.3　螺栓组应变变化分布图

实验 7　液体动压滑动轴承实验

一、实验目的

(1)加深理解径向滑动轴承液体动压润滑油膜的形成过程和现象。

(2)了解转速和载荷对油膜压力分布的影响。

(3)了解径向滑动轴承油膜的轴向压力分布。

二、实验内容

(1)测量液体动压滑动轴承径向油膜压力并绘制油膜压力分布曲线。

(2)测量不同载荷和转速下径向油膜压力的变化。

三、实验设备

1. 实验系统组成

液体动压滑动轴承实验台的组成框图如图 7.1 所示。

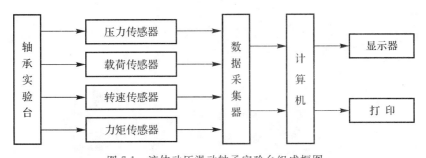

图 7.1　液体动压滑动轴承实验台组成框图

2. 实验系统结构

该实验台的结构示意图如图 7.2 所示,其中压力传感器 4 共 7 个,即 $F_1 \sim F_7$,测量轴承表面油膜压力,力传感器 6 测量外加载荷。实验台启动后,由电机 1 通过皮带带动主轴 7 在油槽 9 中转动,在油膜压力作用下通过摩擦力传感器 3 测出主轴旋转时受到的摩擦力矩;在润滑油充满整个轴瓦内壁后,通过轴瓦前端上周向分布的 7 个压力传感器可分别测出轴瓦上的油膜压力值,7 个压力传感器的相对位置如图 7.3 所示。

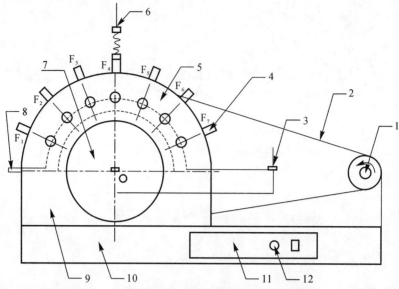

图 7.2　液体动压滑动轴承实验台结构示意图

1—电机；2—皮带；3—摩擦力传感器；4—压力传感器；5—轴瓦；6—力传感器；
7—主轴；8—排油孔；9—油槽；10—底座；11—面板；12—电机调速旋钮

图 7.3　轴瓦上 7 个压力传感器的分布

四、实验方法

1. 实验原理

在本实验台中，滑动轴承形成动压润滑油膜的过程如图 7.4 所示。当轴静止时，轴颈处于轴承孔最低位置并与轴瓦内表面直接接触，轴颈和轴瓦直径的不同使得轴颈与轴瓦的配合面之间形成楔形间隙，如图 7.4(a)所示。由于润滑油具有黏性，会附着于轴颈表面，因而当轴颈回转时,会将附着在轴颈上的润滑油带入楔形间隙,如图 7.4(b)所示。

因为通过楔形间隙的润滑油流量不变(流体的连续性原理),而楔形区域的间隙截面逐渐变小,润滑油分子间相互挤压,从而使油膜中产生一定的流体动压力,使得轴颈和轴瓦逐渐分离,并与外加载荷达到平衡。当各种参数协调时,液体动压力能保证轴的中心与轴瓦中心有一偏心距 e,最小油膜厚度 h_{min} 位于轴颈与轴承孔的中心连线上,最大油膜压力则位于最小油膜厚度附近。液体动压力的大小分布情况如图 7.4(c)所示。

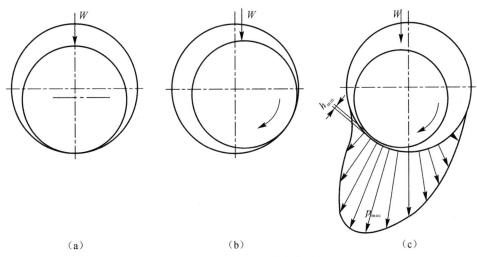

（a）　　　　　　　　　　（b）　　　　　　　　　　（c）

图 7.4　流体动压润滑膜形成过程

2. 油膜压力测试实验方法

如图 7.2 所示,启动电机,使主轴达到一定转速,然后施加一工作载荷并运转一定时间,使轴承中形成稳定压力油膜。使用图中代号为 F_1、F_2、F_3、F_4、F_5、F_6、F_7 的 7 个压力传感器测量轴瓦前端表面每隔 22°角处的 7 个点的油膜压力值,并经 A/D 转换器送往数据采集计算机,显示出压力值。

五、实验步骤

1. 连接 RS232 通信线

在实验台及计算机电源关闭状态下,确定标准 RS232 通信线分别接入计算机及 ZCS-Ⅱ型液体动压轴承实验台 RS232 串行接口。

2. 启动机械教学综合实验系统

在确认 RS232 串行通信线正确连接后,打开计算机,点击计算机显示桌面上的"轴承实验台Ⅱ"图标,进入液体动压轴承实验系统中的"油膜压力分布实验"主界面,如图 7.5 所示。

3. 系统复位

放松加载螺杆,确认载荷为空载,将电机调速电位器旋钮逆时针旋转到底,即确保电机通电后为零转速;然后顺时针旋动轴瓦前上端的螺钉,通过螺钉将轴瓦慢慢顶起,从而将轴颈和轴瓦间隙内的润滑油排净;最后逆时针拧松该螺钉,使轴瓦慢慢落下,并使其与轴颈充分接触。此时,轴瓦后端上的机械式压力表(F₈)读数为零。

点击软件界面左下角的"复位"键,随后计算机开始采集7路油膜压力传感器初始值,并将此值作为"零点"储存。

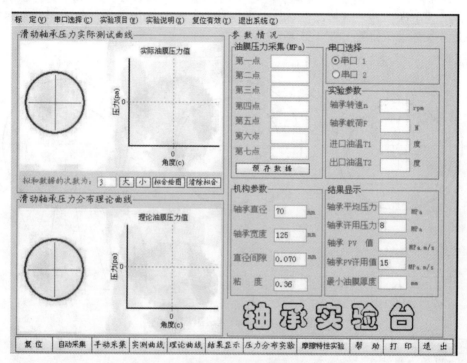

图7.5 "油膜压力分布实验"主界面

4. 油膜压力测试

点击"自动采集"键,系统进入自动采集状态,计算机实时采集7路压力传感器、实验台主轴转速传感器及工作载荷传感器输出的电压信号,进行"采样—处理—显示"。慢慢顺时针转动电机调速电位器旋钮启动电机,使主轴转速达到实验预定值(一般 $n \leqslant 300$ r/min)。

旋动加载螺杆,观察主界面中轴承载荷显示值,在达到预定值(一般小于 1 000 N)后即可停止调整。

观察7路油膜压力显示值,待压力显示值基本稳定后点击"提取数据"键,自动采集结束,主界面上即显示和保存了载荷 W_1 与转速 n_1 工况下的相关实验数据,并将7路压力值记录到表 7-1 中。

5. 自动绘制滑动轴承油膜压力分布曲线

分别点击软件界面下方的"实测曲线"键和"理论曲线"键,计算机会自动绘制和显示出滑动轴承的实验测量油膜压力分布曲线和理论计算油膜压力分布曲线。

6. 改变转速和载荷

在实验中,通过调节轴的转速 n 或外加轴承径向载荷 W,将各种转速 n 及载荷 W 所对应的周向油膜压力测出并绘制出相应曲线。

　　点击"自动采集"键,系统进入自动采集状态,顺时针旋转电机调速电位器,使主轴转速缓慢增加 200 r/min 左右。待转速稳定后,慢慢调整实验台加载螺杆,使轴承径向载荷 W 的大小与前一次实验保持一致。观察 7 路油膜压力显示值,待压力显示值基本稳定后点击"提取数据"键,自动采集结束,主界面上即显示和保存了载荷 W_1 与转速 n_2 工况下的相关实验数据,并将 7 路压力值记录到表 7 - 1 中。分别点击软件界面下方的"实测曲线"键和"理论曲线"键,计算机会自动绘制和显示出滑动轴承的实验测量油膜压力分布曲线和理论计算油膜压力分布曲线。

　　再次点击"自动采集"键,系统进入自动采集状态,保持此时的主轴转速不变。顺时针慢慢旋转实验台加载螺杆,使轴承径向载荷 W 的大小增加 500 N 左右。观察 7 路油膜压力显示值,待压力显示值基本稳定后点击"提取数据"键,自动采集结束,主界面上即显示和保存了载荷 W_2 与转速 n_2 工况下的相关实验数据,并将 7 路压力值记录到表 7 - 1 中。分别点击软件界面下方的"实测曲线"键和"理论曲线"键,计算机会自动绘制和显示出滑动轴承的实验测量油膜压力分布曲线和理论计算油膜压力分布曲线。

　　再次点击"自动采集"键系统进入自动采集状态,逆时针旋转电机调速电位器,使主轴转速降低至 n_1。待转速稳定后,慢慢旋转实验台加载螺杆,使轴承径向载荷 W 的大小保持为 W_2。观察 7 路油膜压力显示值,待压力显示值基本稳定后点击"提取数据" 键,自动采集结束,主界面上即显示和保存了载荷 W_2 与转速 n_1 工况下的相关实验数据,并将 7 路压力值记录到表 7 - 1 中。分别点击软件界面下方的"实测曲线"键和"理论曲线"键,计算机会自动绘制和显示出滑动轴承的实验测量油膜压力分布曲线和理论计算油膜压力分布曲线。

7. 手工绘制滑动轴承油膜压力分布曲线

　　根据实验测量出的油膜压力大小并按一定比例手动绘制出油膜压力分布曲线,如图 7.6 所示。

　　具体绘制方法是:沿着圆周表面从左向右画出角度分别为 $24°$、$46°$、$68°$、$90°$、$112°$、$134°$、$156°$ 的等分点,确定出压力传感器 F_1、F_2、F_3、F_4、F_5、F_6、F_7 的位置点。通过这些位置点分别与圆心连线,在它们的延长线上将压力传感器测量出的油膜压力值,按照 0.1 MPa:5 mm 的比例画出压力向量 $1 \rightarrow 1'$,$2 \rightarrow 2'$,$\cdots$,$7 \rightarrow 7'$,再将 $1'$,$2'$,$\cdots$,$7'$ 等各点连成平滑曲线,这就是位于轴承宽度中部的油膜压力在圆周方向的分布曲线。

　　在实验过程中压力传感器显示数值的单位是大气压(1 大气压 $\approx$ 1 kgf/cm² $\approx$ 0.1 MPa),在绘图时需要换算成国际单位值的压力值。

　　为了确定轴承的承载量,用 $p_i \sin\varphi_i$($i = 1, 2, \cdots, 7$)求出压力分布向量 $1 \rightarrow 1'$,$2 \rightarrow 2'$,$\cdots$,$7 \rightarrow 7'$ 在载荷方向(y 轴)上的投影值。然后,将 $p_i \sin\varphi_i$ 这些平行于 y 轴的向量移到直径 $0 \rightarrow 8$ 上。为清楚起见,将直径 $0 \rightarrow 8$ 平移到图中的下面部分,即直径 $0' \rightarrow 8'$。在直径 $0' \rightarrow 8'$ 上先画出圆周表面上压力传感器油孔位置的投影点 $1'$,$2'$,$\cdots$,$7'$。然后通过这些点画出上述相应的各点压力在载荷方向(即 y 轴方向)上的分量,即 $1''$,$2''$,$\cdots$,$7''$ 点位置。将 $1''$,$2''$,$\cdots$,$7''$ 等各位置点平滑地连接起来,所形成的曲线即为在载荷方向上的压力分布。采用方格坐标纸,在直径 $0' \rightarrow 8'$ 上作一矩形,使其面积与曲线包围的面积相等,则该矩形的边长 p_{av} 即为轴承中该截面上的油膜中平均径向压力。

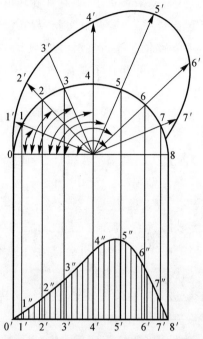

图 7.6 径向油膜压力分布与承载量曲线

六、实验注意事项

(1)启动时必须先开油泵,卸载后低速启动,并逐渐加大转速,以免损伤轴瓦。

(2)拉力计吊钩不可一直钩在测力杆的吊环上,只有在测量摩擦力矩时方可与测力杆相连,以免损伤拉力计精度。

(3)在混合摩擦区工作的时间应尽量短,以避免轴承磨损。

(4)停车时,必须先卸载,然后停车,以免轴承磨损。

(5)轴承供油压力必须保持在 1 大气压以下,以保护硅胶进油管。

(6)由低速向高速变速时,须先卸载并将控制器转速指针调至 300 r/min 以下。

液体动压滑动轴承实验报告

姓　　名 ＿＿＿＿＿＿＿＿　　学　　号 ＿＿＿＿＿＿＿＿　　班　　级 ＿＿＿＿＿＿＿＿

课程教师 ＿＿＿＿＿＿＿＿　　实验教师 ＿＿＿＿＿＿＿＿　　实验日期 ＿＿＿＿＿＿＿＿

1. 实验数据记录(见表 7-1)

表 7-1　滑动轴承压力分布

载荷 N	转速 r/min	各压力测量值/MPa							
		F_1	F_2	F_3	F_4	F_5	F_6	F_7	F_8
$W_1 =$	$n_1 =$								
	$n_2 =$								
$W_2 =$	$n_1 =$								
	$n_2 =$								

2. 实验结果曲线

绘制出四种工况下的滑动轴承油膜径向压力分布与承载量曲线。

3. 思考题

(1)为什么径向油膜压力会随着转速而变化？

(2)为什么径向油膜压力会随着载荷而变化？

(3)滑动轴承的轴向油膜压力是怎样分布的？

实验8 轴系结构设计与分析实验

一、实验目的

(1)熟悉和掌握轴的结构设计以及滚动轴承组合设计的基本方法。

(2)熟悉并掌握轴及轴上零件的定位与固定方法。

(3)了解轴承的类型、布置安装和调整方法以及润滑与密封方式。

(4)熟悉并掌握轴系部件的结构形式、功能作用、装配关系,了解轴上零件的加工工艺和装配要求。

(5)对所完成的轴系结构组成方案,进行组装与测绘等实践技能训练。

(6)加深对课堂上所学理论知识的理解,能够根据不同任务要求,正确设计轴系结构。

二、实验内容

(1)根据所给出的轴系结构设计方案,进行轴系结构拼装。检查原设计是否合理,并对不合理的结构进行修改。

(2)测量轴系结构和零部件的尺寸,并绘制轴系结构装配图。

三、实验设备

(1)组合式轴系结构设计与分析实验箱。组合式轴系结构设计与分析实验箱及其主要零件如图 8.1 所示。箱内包含的成套零件可组成圆柱齿轮轴系、圆锥齿轮轴系和蜗杆轴系等三类轴系结构模型。

(2)活动扳手、内外卡钳、游标卡尺、直尺、铅笔和三角板等。

图 8.1 组合式轴系结构设计与分析实验箱

四、实验方法及步骤

(1)从指导教师预先给出的轴系结构设计示例中选择一种,检查原设计是否合理,并对不合理的结构进行修改。

(2)检查修改轴系结构设计方案时考虑如下要点:

1)依据外载荷性质确定支承方式(如两端固定、一端固定一端游动等)和滚动轴承型号。

2)根据轴速度(如高、中、低)确定滚动轴承润滑方式(如脂润滑、油润滑等)。

3)结合轴承类型和受载情况选择合适的轴承端盖形式(如凸缘式、嵌入式等),并对密封方式(如毡圈、皮碗、油沟等)一并考虑。

4)考虑轴上零件的定位与固定、轴承间隙调整等问题。

(3)按照修改后的轴系结构设计实验方案,从实验箱中选取合适的零件进行轴系结构拼装,完成轴承类型选择、轴承安装与调节、轴上零件定位与固定、润滑及密封方式选取等。

(4)测量轴系结构的主要装配尺寸(如支承跨距、齿轮直径与宽度等)和零件主要结构尺寸(支座不用测量)。

(5)根据组装的轴系结构和测量数据绘制轴系结构装配图,并分析轴系结构(如轴上零件的定位、固定,滚动轴承的安装、调整、润滑与密封等问题)。

(6)在完成组装和分析后,拆卸轴系结构,并将所有零件放回实验箱内的规定位置。

(7)根据实验过程及要求,每位学生撰写一份实验报告(含回答思考题),并绘制一份轴系结构装配图。

轴系结构设计与分析实验报告

姓　　名 _____　　学　　号 _____　　班　　级 _____

课程教师 _____　　实验教师 _____　　实验日期 _____

1. 绘制轴系结构装配图

附 3 号图纸,按 1∶1 比例绘制,单位:mm。

2. 轴系结构设计说明

说明轴上零件的定位、固定,滚动轴承的安装、调整、润滑与密封等方法。

3. 思考题

(1)滚动轴承采用什么类型?(根据装配图说明)选择的依据是什么? 所选滚动轴承采用什么润滑方式进行润滑? 所选滚动轴承采用哪种安装与调整方式? 滚动轴承的配合及其作用是什么?

(2)所选轴上传动件及滚动轴承的润滑方式是什么? 为什么这样选择? 轴系采用了何种密封装置? 为什么?

（3）（逐一说明）轴上传动件的周向固定与轴向固定有哪些方法？

（4）为什么轴通常要做成阶梯形状？如何区分轴上的轴颈、轴头和轴肩等？它们的尺寸是如何确定的？轴上各段的过渡部分结构应注意哪些问题？如何考虑轴的受热伸长问题？

（5）轴向力是通过哪些零件传递到支承座上的？

参 考 文 献

［1］ 西北工业大学机械原理及机械零件教研室. 机械原理. 9 版. 北京：高等教育出版
社,2021.

［2］ 西北工业大学机械原理及机械零件教研室. 机械原理作业集. 4 版. 北京：高等教育出版
社,2021.

［3］ 西北工业大学机械原理及机械零件教研室. 机械设计. 10 版. 北京：高等教育出版
社,2019.

［4］ 西北工业大学机械原理及机械零件教研室. 机械设计作业集. 5 版. 北京：高等教育出版
社,2020.

［5］ 李育锡,苏华. 机械设计基础. 4 版. 北京：高等教育出版社,2018.

［6］ 何涛. 机械原理与设计实验指导书. 北京：机械工业出版社,2017.

［7］ 傅燕鸣. 机械原理与机械设计课程实验指导. 2 版. 上海：上海科学技术出版社,2017.

［8］ 陈松玲,陈寒松. 机械原理与机械设计实验教程. 镇江：江苏大学出版社,2017.